CONTROVERSIAS EN CIRUGÍA VALVULAR

Eladio Sánchez Domínguez

CONTROVERSIAS EN CIRUGÍA VALVULAR

Eladio Sánchez Domínguez

Cirujano Cardiovascular

© 2012 Eladio Sánchez Domínguez

Reservados todos los derechos. Ni la totalidad ni parte de este libro puede reproducirse o transmitirse por ningún procedimiento sin permiso del autor.

Lulu Press, Raleigh, Carolina del Norte, Estados Unidos.

Primera edición, 1 de marzo de 2012.

ISBN: 978-1-4716-4719-2

Depósito Legal: BA-000121-2012

A Manuela

ÍNDICE

1 DESPROPORCIÓN PRÓTESIS-PACIENTE 7

2 CIERRE DE OREJUELA IZQUIERDA 17

3 CALCIFICACIÓN DE AORTA ASCENDENTE 21

4 TEFLON DE SUTURA DE PRÓTESIS 25

5 ORIENTACION PRÓTESIS AÓRTICA Y MITRAL 27

6 CALCIFICACIÓN DEL ANILLO MITRAL 29

7 CONSERVACIÓN APARATO SUBVALVULAR MITRAL 33

8 ROTURA SURCO AURÍCULO-VENTRICULAR 35

9 LEAK PARAVALVULAR 37

10 TROMBOSIS DE PRÓTESIS 39

11 INSUFICIENCIA MITRAL TRAS PLASTIA 43

12 MIECTOMÍA ASOCIADA A SUSTITUCIÓN VALVULAR AÓRTICA 45

13 BIBLIOGRAFÍA 47

1 DESPROPORCIÓN PRÓTESIS-PACIENTE

1.1 DESPROPORCIÓN AÓRTICA

El capítulo del Edmunds es más completo y crítico (1), el del Kirklin (2) mejor en las técnicas de ampliación de raiz.

Rahimtoola definió el termino *patient-prosthesis mismatch* (PPM) en 1978: es una condicion que ocurre cuando el área valvular de una prótesis es menor que el área de la válvula normal de ese paciente.

Todas las prótesis mecánicas y biológicas con *stent* son inherentemente estenóticas.

El significado de PPM es controvertido porque hay poca evidencia que cause peores resultados en los pacientes.

Muchos autores, entre ellos Pibarot, consideran que la mejor forma de valorar el PPM es mediante el área de orificio efectiva indexada (IEOA), calculado a partir del área de orificio efectivo (EOA) in vivo calculada por ecocardiograma. El grupo de la *Cleveland Clinic* critica en varios estudios el EOA in vivo por considerarlo muy variable, siendo dependiente del flujo, el ejercicio, y existir datos limitados de cada prótesis. Consideran más apropiado el *internal orifice area* (cálculo geométrico del área interna de la prótesis) indexado a la superficie corporal del paciente. Además consideran que el *prosthesis-patient size* se puede relacionar con valores medios de la población general mediante la estandarización con el valor Z (3).

Varios autores sugieren que PPM ocurre cuando IEOA<0,85 cm2/m2, basandose que el gradiente transvalvular aumenta sustancialmente cuando el IEOA es menor de 0,85 (1).

El razonamiento que prótesis mayores son mejores es lógico. Una prótesis mayor tendrá menor gradiente transvalvular, y supondrá menor trabajo del ventrículo y una más rápida regresión de la hipertrofia ventricular, mejorando la situación clínica y prolongando la supervivencia. Aunque lógico pocos estudios demuestran esto.

El efecto de PPM en la supervivencia es controvertido. Algunos estudios refieren que PPM afecta a la supervivencia precoz y tardía pero otros no (4).

Rao, Toronto, 2000 (5). 2154 pacientes con sustitución valvular aórtica biológica. Mortalidad operatoria fue mayor en IEOA<0,75 cm2/m2 (227 pacientes). La supervivencia global fue similar. La mortalidad relacionada con la válvula fue mayor en PPM a los 12 años.

Medalion, Cleveland Clinic, 2000 (6). 892 pacientes con sustitución valvular aórtica, el 25% área de orificio interno indexado <1,5 cm2/m2 y más de 2 SD por debajo de la normal. No diferencias en supervivencia a 15 años en pacientes con o sin PPM.

Hanayama, Toronto, 2002 (7). 1129 pacientes. Definen PPM los que tienen un IEOA por debajo del percentil 90 de su población, corresponde con 0,6 cm2/m2. No diferencias en índice de masa ventricular o supervivencia a medio plazo, 10 años. Aunque el tamaño valvular es un predictor de gadiente postoperatorio alto, no se ha correlacionado con significación clínica.

Blackstone, Cleveland Clinic, 2003 (8). 13258 pacientes de 9 centros. La mortalidad a los 30 días aumenta 1-2% cuando el área de orificio indexado <1,2 cm2/m2 o el tamaño de orificio indexado menor de -2,5 Z. El mayor riesgo precoz afectó a menos del 1% de bioprótesis y al 25% de mecánicas. Ningún prosthesis-patient size se relacionó con una menor supervivencia a medio y largo plazo (5-15 años).

Blais, Québec, 2003 (9). 1266 pacientes con sustitución valvular aórtica. PPM severo si IEOA <0,65 cm2/m2, moderado si >0,65 y <0,85. PPM moderado o severo en el 38% paciente. PPM fue un predictor independiente de mortalidad a los 30 días. El riesgo relativo de mortalidad precoz se incrementaba por 2,1 si PPM moderado y por

11,4 en pacientes con PPM severo. Más mortalidad en pacientes con PPM si FE<40%.

Flameng, Bélgica, 2006 (10). 506 pacientes sustitución valvular aórtica con prótesis Carpentier de pericardio. La incidencia de PPM severo (IEOA <0,65 cm2/m2) fue 0,2%, casi no existente, y PPM moderado (IEOA >0,65 y <0,85) fue del 20%. En análisis multivariante PPM moderado no fue predictor de mortalidad precoz ni tardía ni de reingresos hospitalarios.

Mohty-Echahidi, Mayo Clinic, 2006 (11). 388 pacientes sustitución valvular aórtica *St Jude*. PPM severo si IEOA <0,6 cm2/m2, moderado >0,6 y <0,85 cm2/m2. PPM era severo en el 17%. Los pacientes con PPM servero la supervivencia a 5 y 8 años era significativamente menor que los que PPM moderedo o no PPM. En análisis multivariante PPM severo se asoció con mayor mortalidad y mayor incidencia de insuficiencia cardiaca. El área del orificio geométrica indexada (IGOA) no se asoció con mayor supervivencia.

Bridges, Pensilvania, 2007 (12). 42310 pacientes con las 8 prótesis más frecuentes de la base de datos de la *Society of Thoracic Surgeons*. Mediante modelos multivariables estudio EOA, área de orificio geométrica (GOA), superficie corporal (BSA), IEOA, IGOA como factores de mortalidad operatoria. EOA y GOA pequeños se asociaron con una mayor mortalidad operatoria, independientemente del tamaño del paciente. La mortalidad operatoria disminuía cuando BSA aumentaba para un determinado EOA o GOA. No se encontró un claro valor de corte de EOA. IEOA e IGOA no fueron predictores de mortalidad operatoria. No saben explicar los hallazgos, postulan una peor hemodinámica en prótesis pequeñas y consideran razonable emplear prótesis con mayores EOA o GOA y consideran que hay insuficientes datos para usar IEOA como método para seleccionar prótesis.

Mihaljevic (13), Cleveland Clinic, 2008. Estudio observacional de 3049 pacientes con estenosis aórtica severa que se intervienen de prótesis aórtica Carpentier.

Factores de riesgo de mortalidad <1 año: edad mayor, dilatación del ventrículo izquierdo, prótesis pequeña, calcificación aorta ascendente.

Factores de riesgo de mortalidad tras 1 año: edad mayor, alto grado de estenosis severa, indice de masa del ventrículo izquierdo mayor, tamaño prótesis-paciente estandarizado menor, disfunción ventricular izquierda, síntomas avanzados.

Los pacientes con tamaño prótesis-paciente pequeño supervivencia similar precoz pero peor supervivencia tardía. Esta diferencia no se manifestaba en enfermos ancianos.

Conclusiones: la sustitución valvular aórtica se debe considerar precozmente incluso en pacientes asintomáticos antes de que se desarrolle hipertrofia ventricular severa o disfunción ventricular. En pacientes jóvenes se debe implantar la mayor prótesis posible para minimizar el gradiente residual, en ancianos se deben evitar operaciones complejas para insertar prótesis mayores.

Mohty D. (14), Quebec, 2009. 2576 pacientes supervivientes de SVA calcula el IEOA. PPM moderado si IEOA <0,85 cm2/m2 y severo si <0,65 cm2/m2. PPM moderado el 31% severo el 2%. PPM severo se asoció con mayor mortalidad global y cardiovascular. PPM severo se asoció con mayor mortalidad global en <70 años y BMI<30 kg/m2, pero no tuvo impacto en ancianos y obesos. PPM moderado predictor de mortalidad en FE<50%. Tablas de EOA:

Price J, Ontario, 2009 (15). Compara 98 pacientes con IAo (26 con IEOA<0,85 cm2/m2) con 707 pacientes con EAo o mixtos (299 con IEOA<0,85 cm2/m2). Grupo heterogéneo de prótesis. Los pacientes con IAo menos frecuente el mismatch y no tiene efecto significativo en supervivencia y libres de insuficiencia cardiaca. En pacientes con EAo y disfunción ventricular un mismatch de 0,85 representa el número de prótesis mínimo para una supervivencia óptima, libre de ICC y regresión de masa muscular.

Howell NJ, Birmingham, 2010 (16). 801 pacientes intervenidos de estenosis aórtica aislada. PPM severo (IEOA< 0,6 cm2/m2) en 48 y moderado (IEOA<0,85 cm2/m2) en 462. PPM se asoció a edad y mujeres, resultando en mayor Euroscore. PPM no aumentó mortalidad hospitalaria. Supervivencia a 5 años no diferencias. PPM no fue factor de riesgo independiente de para menor supervivencia hospitalaria o tardía.

Head (17) en un metaanálisis de 2012 de 34 estudios concluye que PPM se asocia con mortalidad por todas las causas y cardiacas en el seguimiento a largo plazo.

1.1.1 Conclusiones

Lo razonable para elegir una operación más compleja, que lleva un mayor riesgo perioperatorio, es que el paciente tenga una mejoría en los resultados a largo plazo (18).

No hay evidencias claras para sugerir que los pacientes con IEOA < 0,6 cm2/m2 experimentarán una disminución en su esperanza de vida basada en el tamaño de la prótesis (18).

El beneficio de ampliar la raíz aórtica en disminuir la masa ventricular o prevenir eventos cardiacos no se ha establecido (18).

La experiencia del cirujano es importante, porque no hay datos a largo plazo que justifiquen el uso de operaciones que incrementan el riesgo perioperatorio (19).

1.2 DESPROPORCIÓN MITRAL

Li, Québec, 2005 (20). Un gradiente residual alto transprotesis mitral puede impedir o retardar la regresión de la hipertensión auricular e hipertensión pulmonar. Prosthesis-patient mismatch mitral, definido como un IEOA menor o igual 1,2 cm2/m2, es frecuente (71% casos) tras sustitución valvular mitral y se asocia con hipertensión pulmonar persistente, lo cual puede causar fallo ventricular derecho.

Magne, Québec, 2006 (21). Estudio de 929 pacientes con prótesis mitral. PPM moderado si IEOA >0,9 y <=1,2cm2/m2, severo si IEOA<0,9. PPM severo estaba presente en 9% pacientes. Los pacientes con PPM severo supervivencia a los 6 y 12 años era significativamente menor. En análisis multivariante PPM severa fue predictor de mayor mortalidad.

1.3 AMPLIACIÓN RAÍZ AÓRTICA

Descripción de la técnica en Kirklin (2) y Khonsari (22). No se describe la técnica en Edmunds.

Nick: por mitad del seno no coronario.

Manouguian: por comisura coronaria izquierda/no coronariana.

(En el libro de Doty lo menciona al revés) (23).

Según lo que se quiera ampliar se llega hasta el anillo mitral, se sobrepasa el anillo mitral por zona media o se abre el velo anterior hasta cerca del borde libre por zona media.

Puede o no abrirse la aurícula izquierda.

Parches pueden ser de pericardio autólogo (fijado o no), pericardio bovino, dacron o goretex.

Cuando se abre el velo anterior mitral el parche se puede fijar con puntos sueltos de ticron 3/0 o sutura continua de prolene 4/0 al velo.

Cuando se abre la aurícula izquierda se puede cerrar incorporándola con los puntos de la prótesis, con puntos independientes suturado al parche de ampliación o con un parche independiente de pericardio suturado al borde de la aurícula y al parche de ampliación.

Dos artículos magníficos de técnica quirúrgica del grupo de la Mayo Clinic (24) y del grupo de Toronto (25). Mejor este último. No abren aurícula izquierda. El grupo de Toronto doble sutura (4/0 y 5/0) en el parche de pericardio.

2 CIERRE DE OREJUELA IZQUIERDA

Muy poco publicado y concluyente.

No referencia en Kirklin.

Edmunds recomienda en su capítulo de recambio mitral (26): Previo al cierre de la aurícula la orejuela izquierda se liga mediante sutura o grapa para prevenir la formación de trombos en pacientes con fibrilación auricular crónica, aurícula izquierda dilatada o trombo en aurícula izquierda.

Las guías de la AHA al hablar de la comisurotomía mitral abierta recomiendan la amputación de la orejuela izquierda para reducir los eventos tromboembólicos (19), basándose en un único artículo (27).

Onalan y Cristal publican en 2007 en Stroke (28) una revisión muy interesante de exclusión de orejuela izquierda:

La fibrilación auricular (FA) afecta al 3-5% de la población mayor de 65 años.

La FA es responsable del 15-20% de los accidentes cererbrovasculares (ACVAs) isquémicos.

El riesgo de ACVA en pacientes con FA no reumática es de 5% por año.

En pacientes con FA el lugar más común de trombosis es la orejuela izquierda. El 57% de trombos auriculares en FA valvular ocurre en la orejuela y el 90% en FA no valvulares.

Múltiples estudios randomizados han establecido la eficacia de la anticoagulación oral en disminuir el riesgo de ACVA y muerte en FA. Pero al anticoagulación oral está contraindicada en el 14-44% de pacientes en FA.

Johnson publica en 2000 (29) la excisión profiláctica de orejuela izquierda en 437 pacientes (17 pacientes con FA preoperatorio), concluye que la excisión rutinaria de la orejuela izquierda es segura y debe realizarse siempre que el esternón es abierto.

2.1 Técnica:

Mal descrito en general.

Khonsari (30) hace una escueta referencia: ligadura desde fuera de la orejuela o bolsa de tabaco desde dentro al orificio de entrada.

Pese a la mejor visualización directa un problema importante es la oclusión incompleta de la orejuela.

Un estudio de la Cleveland (31) de 2006 evalúa con ETE 139 pacientes. Oclusión incompleta se observó en 2 de 21 (9,5%) con excisión, 55 de 76 (72%) con sutura, 23 de 35 (66%) con grapa (staple).

Un estudio publicado en 2000 (32) reveló mediante ETE ligación incompleta de la orejuela en 18 de 50 (36%) de pacientes sometidos a cirugía mitral y ligación de la orejuela izquierda.

3 CALCIFICACIÓN DE AORTA ASCENDENTE

No referencias en actitud a seguir en Edmunds y muy escueto en Kirklin (2).

Un buen artículo con revisión de la **Cleveland Clinic** (33):

62 pacientes con arteriosclerosis severa aorta ascendente al operarse de válvula aórtica. Solo en el 50% se sospecho preoperatoriamente. Edad media 72 años.

Posibles opciones:

Hipotermia profunda y parada circulatoria y sustitución valvular aórtica.

Hipotermia profunda y parada circulatoria, endarterectomía aórtica y sustitución valvular aórtica.

Hipotermia profunda y parada circulatoria, sustitución aorta ascendente y clampaje, recalentamiento y sustitución valvular aórtica.

Hipotermia profunda y parada circulatoria, busqueda de zona segura y clampaje, calentamiento y sustitución valvular aórtica.

Hipotermia profunda y parada circulatoria, introducción de Foley por aortotomía, calentamiento y sustitución valvular aórtica.

El tiempo de parada circulatoria fue mayor en pacientes con sustitución valvular aórtica durante parada.

Mortalidad hospitalaria 14%.

ACVA perioperatorio 10%.

En sustitución aorta ascendente: 3% de mortalidad y 0% de ACVA.

Factores para arteriosclerosis de aorta ascendente:

Edad. El principal.

Enfermedad carotídea.

Aneurisma de aorta abdominal.

Lesión severa del tronco coronario izquierdo.

Diabetes

Hipertensión arterial

Historia de embolia cerebral sin foco conocido.

Wareing (34) refieren un 6% de ACVA en pacientes con arteriosclerosis moderada o severa de aorta ascendente sin modificaciones de la técnica operatoria.

Pacientes que se van a intervenir solo de CABG y presentan arteriosclerosis severa de aorta ascendente:

Circulación extracorpórea sin clampaje y uso de mamarias en Y.

Circulación extracorpórea y anastomosis proximales durante periodo breve de hipotermia profunda y parada.

Endarterectomía aórtica.

Sustitución de aorta ascendente.

Cirugía coronaria sin circulación extracorpórea sin manipulación aórtica.

El grupo de la Cleveland Clinic recomienda en pacientes con arteriosclerosis severa y difusa de la aorta ascendente: hipotermia profunda, parada, sustitución de aorta ascendente (sutura distal) y clampaje del tubo, recalentamiento y sustitución valvular aórtica. Recomiendan canulación axilar y perfusión cerebral retrógrada.

4 TEFLON DE SUTURA DE PRÓTESIS

4.1 TEFLON EN VÁLVULA AÓRTICA

Poco publicado.

Khonsary no recomienda los teflón subanulares por riesgo de interferir con movimiento de discos o perderse el teflón en el ventrículo si la sutura se rompe (35).

En Kirklin consideran una técnica alternativa poner los teflón subanulares en anillos aórticos pequeños, permitiendo implantar una prótesis mayor, debido a que el anillo se comprime entre el teflón y la prótesis (2).

En Edmunds se recomienda implantar teflón subanular aórtico de rutina ya que permite implantar prótesis mayores (18).

Guenzinger. Munich. 2008. (36). Estudio randomizado de 80 pacientes a las prótesis: Medtronic Advantage Supra (supraanular) y St Jude Medical Regent (intra-supraanular). En 26,3% la supraanular permitió implantar una prótesis de 1 número mayor. Agrupando los datos en función del anillo valvular nativo, no diferencias en regresión de masa ventricular, EOA indexado, y gradiente medio en reposo y ejercicio. Concluye que no beneficio adicional el posicionamiento supraanular. La mayoría de la serie son prótesis 23 y 25.

4.2 TEFLON EN VÁLVULA MITRAL

En posición mitral en Kirklin (37) se considera una opción los teflón subanulares cuando persiste calcificación en algunas zonas del anillo o cuando la exposición es dificultosa.

En Edmunds (26) considera de elección los teflón subanulares en prótesis biológicas y Starr-Edwards, considerándola la técnica de sutura más fuerte al anillo mitral. En prótesis mecánicas bidiscos o monodiscos considera de elección los teflón supraanulares, debido a que esta técnica sitúa la prótesis en el centro del orificio mitral y minimiza posibles interferencias de tejido a los discos, particularmente si se preserva el aparato subvalvular conectado al anillo. En Edmunds también considera los teflón subanulares en endocarditis.

5 ORIENTACION PRÓTESIS AÓRTICA Y MITRAL

Pocas referencias en Kirklin y Edmunds.

Concepto general en bidiscos: aórticas abran hacia los ostiums (paralelo el eje al septo), mitrales antianatómicas (perpendicular el eje al septo). En biológicas mitrales que los pivotes no obstruyan el tracto de salida del ventrículo izquierdo.

5.1 Prótesis mitrales

St Jude: orientación del eje perpendicular a la apertura de los velos nativos, disminuye el riesgo potencial de pinzamiento del velo por la pared posterior del ventrículo (26).

Medtronic-Hall: el orificio mayor posterior para impedir el riesgo de pinzamiento del disco. En prótesis pequeñas (27 o menos) el orificio mayor anterior para mejorar la hemodinámica (26).

6 CALCIFICACIÓN DEL ANILLO MITRAL

No referencia explícita en Kirklin, en capítulo de mitral al hablar de la sustitución valvular mitral refiere que cuando existe calcificación subanular y puede ser quitada sin afectar al anillo o el miocardio se quita, si no la calcificación se deja en su sitio porque los esfuerzos por quitarla puede dañar la circunfleja o precipitar una rotura ventricular (37).

No referencia en Edmunds ni Khonsary.

Smedira, magnifico artículo de técnica quirúrgica (38).

La calcificación del anillo es posterior a los trígonos en el 98% de casos. 73% en la mitad posteromedial del anillo, 77,5% el calcio solo se localiza en el anillo, en menos del 20% afecta al miocardio ventricular.

Conservación de calcificación moderada de anillo posterior. Teflon subanulares plicando el velo posterior, lo coge en el borde libre y en zona de implantación, creando un neoanillo posterior. Evita rodear el calcio.

Decalcificación en anillos moderadamente calcificados. Decalcifica el anillo posterior y reseca el velo posterior. Reconstruye el anillo posterior con teflón subanulares a través del músculo ventricular-aurícula izquierda-borde inserción del velo anterior (lo desinserta de su anillo y se lo trae para atrás).

Decalcificación en anillos severamente calcificados. Reconstruye anillo posterior con parche de pericardio bovino con sutura continua o sueltos apoyados de prolene. Puntos del anillo posterior sobre el parche con teflón abajo y luego a través del borde de inserción del velo anterior.

D´Alessandro, París (Pitie) (39). Revisa los resultados de reparación mitral con anillo mitral calcificado y la técnica de Carpentier de decalcificación. En prótesis mitrales recomienda no decalcificar el anillo.

Feindel, Toronto (40). 54 pacientes con calcificación del anillo mitral. Calcio limitado al anillo posterior. 31 pacientes. La válvula mitral fue quitada. El calcio fue quitado en bloque. La unión atrioventricular fue reconstruida con una tira de pericardio autólogo no tratado o pericardio bovino suturada al endocardio del ventrículo izquierdo y la aurícula izquierda con sutura continua de prolene 3/0. La prótesis fue fijada al parche en su mitad posterior a la altura del anillo mitral.

Casos reparables el velo posterior fue desinsectado del anillo calcificado de comisura a comisura.

Calcificación del anillo completo. 23 pacientes (17 patología aórtica). La intervención se realizó a través de la raíz aorta y techo de la AI. La aortotomía se extendió al velo anterior mitral. Excisión del calcio en bloque y la calcificación del cuerpo fibroso intervalvular. Parche de pericardio bovino suturado al endocardio del ventrículo izquierdo y a la AI de trígono a trígono en anillo posterior. 2/3 de la prótesis se fija al parche. Un parche triangular de dacron o pericardio bovino se sutura al resto de la prótesis y a la raíz aorta con prolene 3/0. Un parche diferente se usa para cerrar el techo de la AI.

Mortalidad operatoria 9,3% (5).

Dos artículos de las técnicas (41, 42).

Carpentier (43). Describe su técnica y experiencia personal en 68 pacientes.

Más frecuente en mujeres, aumenta con la edad su incidencia, más frecuente en anillo posterior y en enfermedad de Barlow que en fibroelástica.

El calcio está encapsulado en una vaina fibrosa que facilita su resección en bloque. En la mayoría de casos la calcificación está limitada al anillo. La continuidad aurículo-ventricular se reconstruye por una serie de puntos 2/0 trenzado en ocho entre el borde ventricular y auricular.

Casos con extensión del calcio al miocardio ventricular. Técnica de sliding auricular.

Nataf, 1994, La Pitie (44). Ampliación del anillo de la prótesis con un collar de dacron que se sutura a la aurícula izquierda sobre el anillo mitral. Circunferencial o solo parcial intraauricular inserción de la prótesis.

7 CONSERVACIÓN APARATO SUBVALVULAR MITRAL

Existe una buena descripción del papel del aparato subvalvular mitral en el Edmunds (26) y más escueto en Kirklin (37).

Las guías de la AHA (19) hacen una mención expresa en el texto: la ventaja de la sustitución mitral con preservación del aparato de cuerdas es que la competencia valvular, preserva la función ventricular y mejora la supervivencia en el postoperatorio comparado con la sustitución mitral en la que se corta el aparato subvalvular. La sustitución mitral en la que el aparato mitral es resecado nunca debería realizarse. Solo debería realizarse en los casos en los que la válvula nativa y el aparato están tan distorsionados que no se pueden plegar.

Edmunds (45): el aparato subvalvular es necesario para mantener la geometría del ventrículo izquierdo óptima y optimizar la función del ventrículo izquierdo postoperatoria. Tras recambio mitral con total o parcial preservación de las cuerdas la contractilidad del ventrículo izquierdo es preservada. La contribución de las cuerdas del velo anterior es mayor. En un estudio la fracción de eyección bajó del 60 al 36% en casos sin conservación de cuerdas.

8 ROTURA SURCO AURÍCULO-VENTRICULAR

No referencia en Edmunds. Resumen en Kirklin (37). Muy buen artículo (46).

Kirklin:

Factores: mujeres, ventrículo pequeño, tracción del anillo indebida, desgarro del anillo al levantar el corazón con la prótesis insertada, penetración de los puntos en el surco auriculoventricular posteriormente, sección de un músculo papilar, escisión de depósitos de calcio.

Cuando se diagnostica se debe reiniciar circulación extracorpórea inmediatamente, quitar la prótesis, implantar un parche de pericardio usando múltiples puntos apoyados sobre la rotura por dentro del corazón, si se ha comprometido la arteria circunfleja hacer un *by pass* con safena, implantar la prótesis.

Un hematoma pequeño o moderado está presente en el surco auriculo ventricular en el 10-30% de pacientes. Si no sangra y no crece no se debe hacer nada. Los hematomas es raro que evolucionen a rotura del ventrículo izquierdo, pero pueden ocasionar falsos aneurismas.

Zacharias, Toledo (OH, USA) (46).

Tipo I: surco auriculoventricular. Doble tira de teflón o parche de pericardio.

Tipo II: base del músculo papilar.

Tipo III: entre I y II, trauma de la pared posterior del ventrículo izquierdo, debido a prótesis grandes o de alto perfil.

9 LEAK PARAVALVULAR

Muy poca referencia en el Kirklin y Edmunds (1, 26) a los leaks perivalvulares. Más frecuentes en endocarditis y en anillos mitrales calcificados.

Poca bibliografía sobre el tema.

AVERT trial (47): el no empleo de teflón en las suturas es un factor de riesgo independiente de leak perivalvulares.

Genoni, Zurich (48): 96 leaks mitrales, se operaron 50. La técnica quirúrgica fue resutura de la prótesis con puntos simples o recambio mitral. En casos de leaks intermedios o grandes se prefirió recambio mitral. No se observó diferencia entre las técnicas en síntomas, hemólisis o función ventricular. La elección de la técnica depende del cirujano. La cirugía se debe ofrecer a pacientes poco sintomáticos y que no requieren transfusión debido a que mejora la supervivencia y los síntomas.

Diferentes técnicas de reparación de leaks mitrales: a través de la prótesis con un parche en ventrículo, por vía transeptal superior suturando el septo al anillo anterior, desde el epicardio ventricular (49, 50, 51).

10 TROMBOSIS DE PRÓTESIS

No referencia en Edmunds. Escueta referencia en capítulo de mitral en Kirklin (37).

La trombosis puede ser subaguda o aguda. En los casos agudos mitrales se presenta como un evento urgente con bajo gasto cardiaco e hipertensión pulmonar, ocasionalmente precedido de tromboembolismo (37).

El tratamiento es controvertido. En general en las trombosis valvulares se prefiere el tratamiento quirúrgico. En algunos pacientes la trombectomía simple puede ser apropiada. En la mayoría de casos el material trombótico está adherido y se extiende en la cara ventricular de la prótesis. Puede ser indistinguible de las vegetaciones de la endocarditis. En estos casos se prefiere el recambio de prótesis. Mortalidad operatoria: 10-20% (37).

El diagnóstico se realiza por ecocardiograma transesofágico.

En la literatura no existe un tratamiento definido, existiendo controversia entre trombolisis y cirugía. En los últimos años una tendencia a considerar la trombolisis como tratamiento de elección en trombosis protésicas, principalmente si el trombo es pequeño, no antecedentes de tromboembolismo y NYHA II. En casos con trombosis extensas y situación de NYHA IV más controvertido ya que la trombolisis te impide realizar una cirugía de urgencia si es fallida, no obstante hay revisiones a favor de la trombolisis en estas situaciones de extrema urgencia (52, 53, 54, 55, 56, 57).

En prótesis tricuspídeas y pulmonares la trombolisis es el tratamiento de elección.

Guías AHA 2006 (19):

Clase I.
1. Ecocoardiografía transtorácica está indicado en pacientes con sospecha de trombosis de prótesis para valorar la severidad hemodinámica.
2. Ecocardiografía transesofágica y/o fluoroscopia está indicada en pacientes con sospecha de trombosis valvular para valorar la movilidad valvular y el trombo.

Clase IIa.
1. Cirugía de emergencia es razonable en pacientes con una trombosis protésica izquierda y NYHA III-IV.
2. Cirugía de emergencia es razonable para pacientes con una trombosis protésica izquierda y un trombo grande.
3. Fibrinolisis es razonable para trombosis protésica derecha con NYHA III-IV o un trombo grande.

Clase IIb.
1. Fibrinolisis puede considerarse como tratamiento de primera línea en pacientes con trombosis protésica izquierda, NYHA I-II y trombo pequeño.
2. Fibrinolisis puede considerarse como tratamiento de primera línea en pacientes con trombosis protésica izquierda, NYHA III-IV y trombo pequeño si la cirugía es de alto riesgo o no disponible.

3. Fibrinolisis se puede considerar línea en pacientes con trombosis protésica izquierda, NYHA III-IV y trombo grande si la cirugía es de alto riesgo o no disponible.
4. Heparina intravenosa como alternativa a la fibrinolisis puede considerarse en pacientes con trombosis protésica, NYHA I-II y trombo pequeño.

11 INSUFICIENCIA MITRAL TRAS PLASTIA

No referencia en Edmunds. Resumen corto en Kirklin (37). Magnífico artículo de revisión en Op Tech (58).

En serie de la Cleveland Clinic: 30 reoperaciones de 1072 pacientes con reparación mitral. Libres de reoperación a los 10 años el 93% (59).

Causas: fallo técnico o progresión de la enfermedad (particularmente en reumáticas).

La reparación es más efectiva en pacientes con enfermedad degenerativa (mixoide) que en enfermedad restrictiva (reumática). Los mejores resultados son en pacientes con rotura de cuerdas del velo posterior (58).

La insuficiencia mitral es reparable en el 95% de las degenerativas y en el 75% de las reumáticas o isquémicas.

Reoperación tardía tras reparación mitral: 5-10% de degenerativas, 25-50% de reumáticas.

En casos de recurrente enfermedad degenerativa localizada y en fallos técnicos precoces (dehiscencia de anillo o sutura) se puede considerar reparar. En el resto recambio valvular, si es posible preservar el aparato subvalvular anterior y posterior, puede no ser posible en reumáticas evolucionadas.

Abordaje:

Estereotomía media de elección. Toracotomía derecha en casos con bypass permeable con alto riesgo de daño y en reoperaciones precoces (<6 meses).

Si la aurícula izquierda es grande: vía aurícula izquierda. Se despega todo el corazón o se abre la pleura izquierda para que caiga el corazón.

Si la aurícula izquierda es pequeña o si no se quiere disecar el lado izquierdo del corazón: transeptal superior.

Quitar anillo previo y la sutura de la reparación.

Respetar el aparato subvalvular. Posible elipse central en velo anterior.

Puntos cogiendo anillo y velo.

Teflon en cara auricular. En cara ventricular si anillo rígido (no plicable) o pequeño.

Si se decide nueva reparación: quitar el anillo antiguo, realizar reparación e implantar nuevo anillo (58).

12 MIECTOMÍA ASOCIADA A SUSTITUCIÓN VALVULAR AÓRTICA

10% pacientes con estenosis aórtica severa presentan hipertrofia septal asimétrica basal.

Miectomía septal está establecida como tratamiento cuando hay obstrucción dinámica del tracto de salida del ventrículo izquierdo.

Existen pocos datos de tratamiento de pacientes que se interviene de estenosis valvular aórtica y presentan hipertrofia septal asimétrica sin gradiente subvalvular.

Kayalar N, Mayo Clinic, 2010 (60). 3523 pacientes intervenidos de estenosis aórtica durante 10 años. 47 se realizó miectomía septal. Excluidos pacientes con diagnóstico de obstrucción dinámica del tracto de salida del ventrículo izquierdo. 68% mujeres. Edad media 73 años. Área aórtica media 0,74 cm2. Se sospechó preoperatoriamente necesidad de miectomía en 13 pacientes con muscúlo septal basal prominente en ecocardiograma, en otros 13 se sospecho con el ecocardiogrma transesofágico intraoperatorio. En 21 se decidió por inspección directa. Resección de músculo septal desde el valle de velo coronariano derecho hasta comisura entre coronariano izquierdo y derecho, cantidad de músculo quitado medio: 0,8 gr, mucho menos que en la miocardiopatía hipertrófica obstructiva (3-8 gr). Mortalida operatoria 2%. 3 pacientes requirieron marcapasos definitivo. Supervivencia a 5 años 87%. Cambios significativos en geometría ventricular tras 1 año. Concluye que mujeres con historia de hipertensión, y gradientes aórticos altos sospechar hipertrofia septal basal se debe considerar miectomía asociada aunque no se haya demostrado obstrucción dinámica. Revisa lo poco publicado.

13 BIBLIOGRAFÍA

1. Desai ND, Christakis GT. Stented Mechanical/Bioprosthetic Aortic Valve Replacements. En: Cohn LH, Edmunds LH, eds. Cardiac Surgery in the Adult. 2 ed: McGraw Hill 2003:825-56.

2. Aortic Valve Disease. En: Kouchoukos NT, Blackstone EH, Doty DB, Hanley FL, Karp RB, eds. Kirklin/Barrat-Boyes Cardiac Surgery. 3 ed: Churchill Livingstone 2003:554-656.

3. Guilinov AM, Blackstone EH, Rodriguez LL. Prosthesis-patient size: measurement and clinical implications. J Thorac Cardiovasc Surg 2003;126:313-6.

4. Rahimtoola SH. Choice of prosthesis heart valve for adult patients. J Am Coll Cardiol 2003;41:893-904.

5. Rao V, Jamieson WR, Ivanov J, et al. Prosthesis-patient mismatch affects survival after aortic valve replacement. Circulation. 2000;102:III5-III9.

6. Medalion B, Blackstone EH, Lytle BW, et al. Aortic valve replacement: is valve size important? . J Thorac Cardiovasc Surg. 2000;119:963-74.

7. Hanayama N, Christakis GT, Mallidi HR, et al. Patient prosthesis mismatch is rare after aortic valve replacement: valve size may be irrelevant. Ann Thorac Surg. 2002;102(suppl III):III5-9.

8. Blackstone EH, Cosgrove DM, Jamieson WRE, et al. Prosthesis size and long-term survival after aortic valve replacement. J Thorac Cardiovasc Surg. 2003;126:783-96.

9. Blais C, Dusmesnil JG, Baillot R, et al. Impact of valve prosthesis-patient mismatch on short-term mortality after aortic valve replacement. Circulation. 2003;108:983-8.

10. Flameng W, Meuris B, Herijgers P, et al. Prosthesis-patient mismatch is not clinically relevant in aortic valve replacement using the Carpentier-Edwards Perimount valve. Ann Thorac Surg. 2006;82:530-6.

11. Mohty-Echahidi D, Malouf JF, Girard SE, et al. Impact of prosthesis-patient mismatch on long-term survival in patients with small St Jude Medical mechanical prostheses in the aortic position. Circulation. 2006;113:420-6.

12. Bridges CR, O'Brien SM, Cleveland JC, et al. Association between indices of prosthesis internal orifice size and operative mortality after isolated aortic valve replacement. J Thorac Cardiovasc Surg. 2007;133:1012-21.

13. Mihaljevic T, Nowicki E, Rajeswaran J, et al. Survival after valve replacement for aortic stenosis: implications for decision making. J Thorac Cardiovasc Surg. 2008;135:1270-9.

14. Mohty D, Dumesnil JG, Echahidi N, et al. Impact of prosthesis-patient mismatch on long-term survival after aortic valve replacement. J Am Coll Cardiol. 2009;53:39-47.

15. Price J, Lapierre H, Ressler L, et al. Prosthesis-patient mismatch is less frequent and more clinically indolent in patients operated for aortic insufficiency. J Thorac Cardiovasc Surg. 2009;138:639-45.

16. Howell NJ, Keogh BE, Ray D, et al. Patient-prosthesis mismatch in patients with aortic stenosis undergoing isolated aortic valve replacement does not affect survival. Ann Thorac Surg. 2010;89:60-4.

17. Head SJ, Mokhles MM, Osnabrugge RLJ, et al. The impact of prosthesis-patient mismatch on long-term survival after aortic valve replacement: a systematic review and meta-anlysis of 34 observational studies comprising 27186 patients with 133141 patient-years. Eur Heart J. 2012.

18. Desai ND, Christakis GT. Stented mechanical/bioprosthesis aoritc valve replacement. En: Cohn LH, Edmunds LH, eds. Cardiac Surgery in the adult. 2 ed: McGraw Hill 2003:825-55.

19. Bonow RO, Carabello BA, Chatterjee A, et al. 2008 Focused Update Incorporated Into the the ACC/AHA 2006 Guidelines for the Management of Patients With Valvular Heart Disease. Circulation. 2008;118:e523-e661.

20. Li M, Dumesnil JG, Mathieu P, et al. Impact of valve prosthesis-patient mismatch on pulmonary arterial pressure after mitral valve replacement. J Am Coll Cardiol. 2005;45:1034-40.

21. Magne J, Mathieu P, Dumesnil JG, et al. Impact of prosthesis-patient mismatch on survival after mitral valve replacement. Circulation. 2007;115:1417-25.

22. Management of the small aortic root. En: Khonsari S, Flint Sintek C, eds. Cardiac surgery Safeguards and pitfalls in operative technique. 3 ed: Lippincott Williams and Wilkins 2003:75-9.

23. Left ventricular outflow tract obstruction. En: Doty DB, ed. Cardiac Surgery Operative Technique: Mosby; 1997:116-27.

24. Sundt TM. Patch enlargement of the aortic annulus using the Manouguian Technique. Op Tech Thoracic Cardiovasc Surg. 2006:16-21.

25. Feindel CM. Aortic root enlargement in the adult. Op Tech Thoracic Cardiovasc Surg. 2006:2-15.

26. Gudbjartsson T, Aranki S, Cohn LH. Mechanical/Bioprosthetic mitral valve replacement. En: Cohn LH, Edmunds LH, eds. Cardiac Surgery in the adult. 2 ed: McGraw Hill; 2003:951-97.

27. Garcia-Fernandez MA, Perez-David E, Quiles J, et al. Role of left atrial appendage obliteration in stroke reduction in patients with mitral valve prótesis: a transesophageal echocardiographic study. J Am Coll Cardiol. 2003;42:1253-8.

28. Onalan O, Crystal E. Left atrial appendage exclusion for stroke prevention in patients with nonrheumatic atrial fibrillation. Stroke. 2007;38:624-30.

29. Johnson WD, Ganjoo AK, Stone CD, et al. The left atrial appendage: our most lethal human attachment! Surgical implications. Eur J Cardiothorac Surg 200;17.

30. Surgery of the mitral valve. En: Khonsari S, Flint Sintek C, eds. Cardiac surgery Safeguards and pitfalls in operative technique: Lippincott Williams and Wilkins; 2003:80-107.

31. Kanderian AS, Gillinov AM, Petterson GB. Success of surgical left atrial appendage occlusion techniques assessed by transesophageal echocardiography. J Am Coll Cardiol. 2006;47:152A.

32. Katz ES, Tsiamtsiouris T, Applebaum RM, et al. Surgical left atrial appendage ligation is frequently incomplete: a transesophageal echocardiographic study. J Am Coll Cardiol. 2000;36:468-71.

33. Gillinov AM, Lytle BW, Hoang V, et al. The atherosclerotic aorta at aortic valve replacement: surgical strategies. J Thorac Cardiovasc Surg. 2000;120:957-65.

34. Wareing TH, Davila-Roman VG, Daily BB, et al. Strategy for the reduction of stroke incidence in cardiac surgical patients. Ann Thorac Surg. 1993;55:1400-8.

35. Surgery of the aortic valve. En: Khonsari S, Flint Sintek C, eds. Cardiac surgery Safeguards and pitfalls in operative technique: Lippincott Williams and Wilkins 2003:45-74.

36. Guenzinger R, Eichinger WB, Hettich I, et al. A prospective randomized comparison of the Medtronic advantage supra and st jude

medical regent mechanical heart valves in the aortic position; is there an additional benefit of supra-annular valve positioning? J Thorac Cardiovasc Surg. 2008;136:462-71.

37. Mitral valve disease with or without tricuspid valve disease. En: Kouchoukos NT, Blackstone EH, Doty DB, Hanley FL, Karp RB, eds. Kirklin/Barrat-Boyes Cardiac Surgery. 3 ed: Churchill Livingstone 2003:483-553.

38. Smedira NG. Mitral valve replacement with a calcified annulus. Op Tech Thoracic Cardiovasc Surg. 2003;8:2-13.

39. D'Alessandro C, Vistarini N, Aubert S, et al. Mitral annulus calcification: determinats of repair feasibility, early and late surgical outcome. Eur J Cardiothorac Surg. 2007;32:596-603.

40. Feindel CM, Tufail Z, David TE, et al. Mitral valve surgery in patients with extensive calcification of the mitral annulus. J Thorac Cardiovasc Surg. 2003;126:777-82.

41. David TE, Feindel CM, Armstrong S, et al. Reconstruction of the mitral annulus: a ten-year experience. J Thorac Cardiovasc Surg. 1995;110:1323-32.

42. David TE, Kuo J, Armstrong S. Aortic and mitral valve replacement with reconstruction of the intervalvular fibrous body. J Thorac Cardiovasc Surg. 1997;114:766-72.

43. Carpentier AF, Pellerin M, Fuzellier JF, et al. Extensive calcification of the mitral valve annulus: Pathology and surgical management. J Thorac Cardiovasc Surg. 1996;111:718-30.

44. Nataf P, Pavie A, Jault F, et al. Intraatrial insertion of a mitral prosthesis in a destroyed or calcified mitral annulus. Ann Thorac Surg. 1994;58:163-7.

45. Fann JI, Ingels NB, Miller C. Pathophysiology of mitral valve disease. En: Cohn LH, Edmunds LH, eds. Cardiac Surgery in the adult. 2 ed: McGraw Hill 2003:901-31.

46. Zacharias A. Repair of spontaneous rupture of the posterior wall of the left ventricle after mitral valve replacement. Op Tech Thoracic Cardiovasc Surg. 2003;8:36-41.

47. Englberger L, Schaff HV, Jamieson WRE, et al. Importance of implant technique on risk of major paravalvular leak (PVL) after St Jude mechanical heart valve replacement: a report from the Artificial Valve Endocarditis Reduction Trial (AVERT). Eur J Cardiothorac Surg. 2005;28.

48. Genoni M, Franzen D, Vogt P, et al. Paravalvular leakage alter mitral valve replacement:improved long-term survival with aggressive surgery? . Eur J Cardiothorac Surg. 2000;17:14-9.

49. Moneta A, Villa E, Donatelli F. An alternative technique for non-infective paraprosthetic leakage repair. Eur J Cardiothorac Surg. 2003;23:1074-5.

50. A new thecnique for repair of mitral paravalvular leak? . J Thorac Cardiovasc Surg. 2005;130:614-5.

51. Mangi AA, Torchiana DF. A technique for repair of mitral paravalvular leak. J Thorac Cardiovasc Surg. 2004;128:771-2.

52. Sanchez A, Cortadellas J, Figueras J, et al. Tratamiento fibrinolítico en pacientes con trombosis protésica y elevado riesgo quirúrgico. Rev Esp Cardiol 2001;54:1452-5.

53. Manteiga R, Souto JC, Altes A, et al. Short-course thrombolysis as the first line of therapy for cardiac valve thrombosis. J Thorac Cardiovasc Surg. 1998;115:780-4.

54. Roudaut R, Lafitte S, Roudaut MF, et al. Fibrinolysis of mechanical prosthetic valve thrombosis. J Am Coll Cardiol. 2003;41:653-8.

55. Roudaut R, Roques X, Lafitte S, et al. Surgery for prosthetic valve obstruction. A single center study of 136 patients. Eur J Cardiothorac Surg. 2003;24:868-72.

56. Caceres-Loriga FM, Perez-Lopez H, Santos-Gracia J, et al. Prosthetic heart valve trombosis: patogénesis, diagnosis and Management. Int J Cardiol. 2006;110:1-6.

57. Das M, Twomey D, Khaddour AA, et al. Is thrombolysis or surgery the best option for acute prosthtic valve thrombosis? Interactive Cardiovascular and Thoracic Surgery 2007;6:806-12.

58. Gillinov AM. Mitral valve replacement after late failure of mitral valve repair. Op Tech Thoracic Cardiovasc Surg. 2003;8:42-50.

59. Gillinov AM, Cosgrove DM, WBlackstone EH, et al. Durability of mitral valve repair for degenerative disease. J Thorac Cardiovasc Surg. 1998;116:734.

60. Kayalar N, Schaff HV, Daly RC, et al. Concomitant septal myectomy at the time of aortic valve replacement for severe aortic stenosis. Ann Thorac Surg. 2010;89:459-64.

www.ingramcontent.com/pod-product-compliance
Lightning Source LLC
Chambersburg PA
CBHW021041180526
45163CB00005B/2229